AF338858

L'EXCURSION à HUÉ
La Cour
Le Palais
Les Tombeaux
INDO-CHINE FRANÇAISE
Exposition de Hanoï

L'EXCURSION A HUÉ

(De la Nézière)

PORTRAIT DE S. M. THAN-THAI, EMPEREUR D'ANNAM

L'EXCURSION A HUÉ

La Cour ❧ Le Palais ❧ Les Tombeaux

PUBLIÉ PAR LE COMMISSARIAT GÉNÉRAL

DE L'EXPOSITION DE HANOI

En dépôt à l'Office colonial, Galerie d'Orléans. Paris

L'EXCURSION A HUÉ

L'Indo-Chine a pris son essor définitif sous l'impulsion d'un gouverneur de talent.

Le visiteur à l'exposition de Hanoï y trouvera comme un guide parlant et matérialisé, qui, tout en lui révélant, sous une forme frappante, le chemin parcouru depuis la conquête dans le domaine des arts, du commerce et de l'industrie, éveillera en lui des curiosités plus étendues. Aussi, ce visiteur ne voudra-t-il pas s'en tenir à son premier plan de voyage, prudemment limité aux attractions immédiates, directement dépendantes de l'Exposition elle-même. Il éprouvera un ardent désir, avant de regagner la France, de jeter un regard sur quelques vieilles choses de cet empire d'Annam encore insubmergées sous le flot civilisateur.

L'*Excursion à Hué* est à inscrire en tête de ces programmes remaniés et élargis.

Le conseil supérieur de l'Indo-Chine a tenu, en novembre 1901, sa session à Hué, dans le palais du conseil des ministres de sa majesté Than-Thaï.

Sans doute, le gouverneur Doumer a voulu clôturer ses cinq années de gouvernement par une cérémonie significative, au cœur même du vaste domaine colonial, définitivement conquis et pacifié, prêt à recevoir les semences fécondes du travail.

Déjà, de Tourane à Hué, par la pittoresque route du *col des nuages,* on croise des équipes de niveleurs et de terrassiers. Les " points d'attaque " des tunnels sont repérés aux flancs des roches de granit habillées de végétation farouche. Le métier de *tram* (porteur de chaise) agonise; il fera place, avant deux années, aux rails et aux locomotives.

Qu'on vienne de Hanoï ou de Saïgon, on débarque à Tourane. On quitte joyeusement le petit paquebot-annexe des messageries, toujours malmené, plus ou moins, sur le golfe Tonkinois. On monte en chaise pour une pleine journée de pittoresque et de joie des yeux. On déjeune au village de *Lang-Co.* Le soir, on atteint *Cao-Haï,* après quelques derniers kilomètres parcourus la nuit, à la lueur des torches, afin d'écarter

TERRASSE ET PAGODE DE LA STÈLE. — TOMBEAU DE MINH-MANG

les tigres maraudeurs. A Cao-Haï, on dîne; puis on s'installe en de confortables sampans où l'on passe une nuit réparatrice au bercement très doux des eaux de la grande lagune. Le lendemain matin, on débarque à Hué, avide d'excursions et de flâneries, impatient de donner la chasse aux bibelots que des marchands, très avertis, tiennent en réserve pour les touristes de marque.

Un séjour, entre deux courriers, laisse cinq à six journées à dépenser à Hué et aux environs. C'est suffisant.

Les « choses à voir » s'échelonnent à des distances variées, permettant de composer de petites, moyennes et grandes journées de tourisme. On s'en retourne satisfait et non lassé; on retrouve avec plaisir le sampan berceur sur la grande lagune.

PORTE DES APPARTEMENTS PRIVÉS ET DU HAREM

I

LA VILLE

A proprement dire, Hué n'est pas encore une ville. Sur la rive gauche d'une jolie rivière, gracieusement dénommée *Rivière des Parfums*, s'étale une vaste citadelle du style Vauban le plus exact, construite, il y a environ un siècle et demi, par une mission d'officiers français. A l'intérieur de l'enceinte se groupent quelques éléments fondamentaux : d'abord, le vaste palais compliqué de pagodes, de dépendances, de jardins, de demeures mandarinales. Puis le *Ko-Mat* ou Conseil des Ministres, l'Ecole d'agriculture, et les quartiers du bataillon d'infanterie de marine qui tient garnison. Aux murailles brunes de la forteresse, s'accole une agglomération asiatique grouillante et odorante, où, comme partout en Indo-Chine, le Chinois détient le gros du trafic et de la richesse.

En amont de la citadelle, à petite distance des remparts et sur la Rivière des Parfums, une haute tour octogonale à étages, dans le style chinois, attire l'attention. C'est comme le « campanile » de la grande *Pagode Confucius* qui représente la cathédrale bouddhique de la capitale de l'Empire d'Annam. C'est dans ce temple, placé sous l'invocation du grand philosophe, que s'accomplissent toutes les cérémonies de haute signification; et en particulier, les examens et concours déterminant l'admission aux grades supérieurs du mandarinat lettré.

Non loin de la pagode Confucius, et toujours sur la rive gauche, on trouve l'*Embarcadère* et les *Bains de l'Empereur*, en communication directe et privée avec le palais par des ruelles bordées de hautes murailles. Le jeune souverain aime follement la navigation à vapeur; les deux chaloupes de la Résidence supérieure assurent son divertissement favori. Il faut même, paraît-il, surveiller ses audaces nautiques : un jour, sur une mauvaise coquille chinoise à machine essoufflée, il s'est aventuré à franchir la barre de sable du Loang-Co et à gagner Tourane par mer. Grand émoi à la Résidence supérieure qui a dépêché en hâte quelques fonctionnaires

LE " KO-MAT " PENDANT UNE SÉANCE DU CONSEIL SUPÉRIEUR

qualifiés pour ramener le jeune monarque échappé de sa capitale.

Passons sur la rive droite :

C'est une série de bâtiments modernes, officiels pour la plupart, douanes, travaux publics, gendarmerie, trésor, garde indigène, hôtellerie confortable et bien tenue, Cercle dit : « de la rive droite », où les touristes sont assurés du plus cordial accueil. Après de fatigantes journées d'excursion,

L'ÉCRAN DU KO-MAT

ils trouveront, avant dîner, un agréable délassement sur les terrasses du club qui dominent la rivière. Enfin, dépassant en hauteur tous ces édifices neufs et constamment reblanchis, les toitures de la Résidence supérieure émergent des beaux jardins qui l'entourent. On l'appelle encore, par habitude, *la Légation*, en raison de son affectation primitive; elle était occupée par notre agent diplomatique avant l'organisation du protectorat.

Ce quartier européen, frais et riant d'aspect, s'espace

dans la verdure, formant contraste avec l'autre moitié, terne et brune, de cette cité composite et imprécise.

Un grand pont de fer, aux fines membrures, avant-garde évidente de la voie ferrée très prochaine, relie les deux rives et semble étendre un bras destructeur vers les vieilles choses vouées à une disparition inévitable.

L'empereur Than-Thaï sera-t-il le dernier monarque d'Annam ? Gardons-nous de prophétiser en ces matières délicates. Il n'a que vingt-trois ans ; il peut donc vivre et régner longtemps encore ; mais il est à croire que ce siècle verra flotter le pavillon tricolore aux vieux remparts où s'alignent encore, par tolérance, les étendards impériaux aux somptueuses broderies et dentelures. Cette absorption, en tout cas, se fera sans violence : notre gouvernement d'Indo-Chine a trop d'intérêt à utiliser jusqu'au bout le mécanisme administratif du vieil empire déchu. Surveillé, encadré, le corps mandarinal forme un outil précieux aux mains d'administrateurs éclectiques et sagement opportunistes. On ne saurait mieux faire, tout en laissant crouler lentement le vieil édifice, que d'en recueillir les matériaux pour une ingénieuse adaptation, pour une habile évolution vers le progrès et la justice. Ainsi l'entendent et le démontrent, jusqu'à l'évidence, les vieilles compétences consacrées.

LA STÈLE AU TOMBEAU DE TIEU-TRI. — GARDIENS ET MANDARINS DE SERVICE

Une visite à la citadelle, en négligeant le palais qu'il faut voir à part, fait l'emploi d'une matinée :

Voici d'abord le *Ko-mat* ou conseil des ministres, cons truction toute neuve, d'architecture anna mite modernisée et vaguement... bal- néaire ? On dirait bien, sur quelque plage de second ordre, un pavillon- concert de casino, agrémenté de motifs dragonnesques et flamboyants. Faute de goût pensera-t-on ? La même critique s'adresserait au salon dit « à la française » de sa majesté, qui évoque assez bien

LA TOUR DE LA PAGODE CONFUCIUS

un étalage au rayon « tapisserie et mobilier » du Petit-Saint-Thomas. A tout prendre, ces erreurs ont peut-être leur sens énergique : une politique active n'a pas toujours le temps de s'embarrasser d'esthétique ;

en somme, ce décor est celui qui sied à des marionnettes soyeuses et dorées dont tous les fils s'attachent
aux doigts experts de Monsieur le Résident supérieur
d'Annam. Disons que c'est un « guignol » tout neuf,
d'espèce particulière.

L'École d'agriculture, où prospère et multiplie la
pléiade fantastique des orchidées, forme un ensemble
de bâtiments bas et divisés, toute une cité de
serres en bambous légers, où de fins treillages remplacent les vitres. Et voici messieurs les élèves du cours,
conduits par un professeur indigène, dûment breveté de
notre Institut agronomique. Ils s'en vont dans la campagne reconnaître quelques espèces, analyser quelques
humus. Quelle peine n'a-t-on pas eue à les convaincre de
couper leurs grands ongles recroquevillés en rognures
de corne ! Ils tenaient à ces signes d'oisiveté et de patriciat, peu compatibles avec le maniement de la pioche et
de la charrue. On y est parvenu cependant ; mais ils
gardent leurs robes de soie, leurs ombrelles, leurs
éventails, leurs babouches vernies. Ainsi accoutrée,
cette jeunesse mandarinale défile en théorie sur les sentiers étroits de la rizière, un peu de dédain aux lèvres,
orgueilleuse et distante, unie, sans inclination, à la
robuste glèbe.

❦

Pour retrouver de l'espace et des horizons, sortons
de la citadelle par le « pont de l'attentat ». C'est ce

LA PAGODE DE L'ÂME AU TOMBEAU DE TU-DUC

passage qu'eurent à franchir en grand danger, dans la nuit du 5 au 6 juillet 1885, tous les officiers de la garnison d'occupation au sortir d'une fête à la légation, interrompue par une chaude alerte.

Dans la campagne, voici les éléphants de guerre de Sa Majesté rentrant de leur promenade matinale. Indociles aux volontés des cornacs, les lourdes bêtes intelligentes ont des malices d'écolier, pour prolonger le plaisir du plein air. Rien d'amusant comme ce « geste de trompe » dont ils arrachent une touffe d'herbe, en secouent les racines sur leurs larges pieds pour faire tomber la terre, soufflent dessus pour chasser les dernières poussières, et enfin, gobent la savoureuse bouchée. Le cornac insiste pour rentrer, joue du talon et du piquet; mais l'animal espiègle, continuant sa dinette, agite drôlement ses larges oreilles en poussant un cri farçeur.

Ne nous étendons pas davantage sur la ville. Laissons au touriste explorateur des quartiers indigènes le plaisir des découvertes de détail et les aubaines du bibelot : Lots de bric-à-brac où s'égare d'aventure quelque beau jade, quelque belle pièce de porcelaine ancienne ou quelque vieil émail sur cuivre, vestiges des industries d'art disparues.

Et pour les belles nuits tièdes de novembre, réser-
vons-lui intactes, les impressions du théâtre annamite
ou chinois, des danseuses et chanteuses, des orchestres
de fumeries, où le *tap-lôuk* (cithare) et le violon « à une
corde », dessinent de mièvres motifs, bien synthétiques
des souplesses efféminées de la race, de son hiératisme
inconsistant, traversé de gamineries et de fous rires.

LES FÊTES DU TÊT A HUÉ

II

LE PALAIS. — LA COUR

Du haut du « *grand cavalier du roi* », lourde protubérance de la ceinture fortifiée, on prend une vue d'ensemble sur le palais et les jardins. De ce palais, de ces jardins, touriste curieux, vous ne verrez en détail, quelles que soient vos références, qu'une portion limitée. Le mystère des appartements royaux, du harem, des pagodes sacrées n'est accessible à personne. C'est là, que germèrent et grossirent, à travers l'histoire, les intrigues de cour, les crimes, les révolutions.

C'est là, que le jeune Empereur cherche de mystérieuses distractions à l'ennui pesant de son règne oisif.

4

Parfois les échos de fantaisies singulièrement cruelles parviennent à nos oreilles surprises. Les sages affirment qu'il faut fermer les yeux, laisser à la barbarie ce dernier réduit qui disparaîtra comme le reste à son heure ?...

LE TRÔNE

Vous verrez donc la *salle du trône*, la *salle des fêtes*, la *salle à manger* et le *salon « à la française »*. Vous verrez la *pagode des ancêtres*, la *mare aux crocodiles* où s'élevaient jusqu'à ces dernières années, avec mille soins, de jeunes sujets sauriens pour offrir en présent annuel et symbolique aux reines mères ?... Vous verrez le *ministère des finances*, le *magasin aux cloches* et le *magasin aux accessoires et costumes de théâtre*, singulièrement évocateur des oripeaux et relents de nos coulisses provinciales.

LES JARDINS DU PALAIS

La misère et le parfum *sui generis* du char de Thespis sont donc pareils sous toutes les latitudes. Vous verrez, enfin, les 9 canons de Sa Majesté : *Les neufs sœurs;* inoffensives grandes dames de bronze, muettes et percluses à jamais, aux vieilles robes de cour historiées à souhait...

On pénètre dans le palais

LES NEUF SŒURS

par la grande porte de *Ngo-Mon,* qui donne sur l'esplanade

LES CANONS DE SA MAJESTÉ

du cavalier. Cette porte est une masse de granit perforée de voûtes, surmontée de tribunes et coiffée d'une lourde toiture cornue. Le dragon, le nuage, la chauve-souris, le *Kim-Kanh* royal, les livres sacrés, les pinceaux, le *taplouk* (cithare) et l'éventail, motifs d'ornementation architecturale, se reproduisent et se multiplient aux colonnes, aux poutres sculptées, aux plafonnages en caissons, aux angles des toitures. Avec un guide intelligent, interprète ou lettré de la résidence, on a vite fait le dénombrement de ces quelques symboles qui reparaissent partout et font les frais de toute l'imagination artistique contenue dans les sculptures, émaux, boiseries, balustrades et terrasses, non moins que dans la gamme plus délicate des bibelots, brûle-parfums, théières, coupes, plateaux ou boîtes. Quoi qu'on dise, l'art annamite a peu de cordes, comme la musique et les danses d'Annam qui tournent et se répètent sur quelques motifs restreints et monotones. C'est par les ensembles et l'association du monument à la nature que ce peuple prend des revanches intéressantes. Il a certainement le sens du « décor », mais encore ne faut-il pas y regarder de trop près. L'artifice est souvent grossier et fragile, d'espèce analogue à cette abondance d'ex-votos en carton doré et colorié par où se signale le culte *taoïque*.

Voyez aux angles des toitures de pagodes ces figures de monstres, gueules béantes, dards menaçants. A distance, le sujet semble traité en mosaïque, ou tout au moins en vigoureuse céramique flambée. Il se détache heureusement sur le feuillage sombre des grands pins.

On s'approche, et on discerne un affreux conglomérat polychrome de débris de vieilles tasses, collées en nougat sur du mortier pauvre, que la première pluie

TERRASSE DEVANT LA SALLE DU TRÔNE — APRÈS L'AUDIENCE DU CONSEIL SUPÉRIEUR

amollit. Le monstre, motif architectural éphémère, perd, une à une, ses griffes et ses écailles.

Quand on a passé les voûtes du Ngo-Mon, on

ÉLÉPHANT DE GUERRE

débouche sur des jardins et des pièces d'eau. On s'engage sur un large passage de pierre, sous deux arcs à colonnes de bronze historiées du dragon légendaire, et soutenant des frontaux d'émail qui reproduisent les invariables symboles. Une devise en caractères occupe le centre de chaque frontail, et cet arrangement se retrouve partout, au palais comme dans les tombeaux dispersés sur la gracieuse campagne de Hué, qui en font une immense nécropole. Ces devises signifient tour à tour :

Droiture, probité, justice.
Grandeur, éternité, durée.
Chemin direct à la rayonnante vertu !...

Accédons à la terrasse d'honneur que domine la salle du trône. Pour recevoir le Conseil Supérieur, cette terrasse s'animait d'un déploiement de bannières, d'un papillotement de robes somptueuses, de dorures et de soieries, tandis que, à droite et à gauche, sur de larges espaces gazonnés, les éléphants de guerre, en grande tenue d'apparat, cette fois, balançaient leurs trompes solennellement, comme des ostensoirs.

Une réception officielle dans la *salle du trône* est un spectacle suggestif : l'hiératisme du petit empereur campé très haut, comme au sommet d'une rocaille éblouissante, enfermé dans ses enveloppes d'or, de soie et de pierreries ; l'immobilité marmoréenne des mandarins, porteurs d'insignes, eunuques et gardes répartis aux abords du trône, les yeux fixés obstinément sur leurs cornes de jade, cet accessoire indispensable de la grande tenue qu'on appelle le *maintien*, et qui a pour but d'as-

LE KO-MAT. — VUE D'ENSEMBLE

surer la dignité du regard en le préservant des flotte-
ments et des incertitudes...

Tout ce spectacle étrange et grandiose, issu de la pro-
fondeur des âges et fidèlement perpétué, laisse l'esprit
rêveur en un vaste champ d'énigmes.

Le discours du gouverneur, la réponse du roi, tra-
duite par le grand interprète, n'offrent pas d'imprévu.
Après les présentations individuelles, une coupe de cham-
pagne clôture cette cérémonie qui ne dure pas une
heure.

Plus longue, plus divertissante est la soirée de gala
au palais. Ici, il n'est pas impossible, même à un per-
sonnage secondaire, de prendre contact avec les jeunes
princes, frères du roi, élégants éphèbes à chignons,
habillés de soies merveilleuses, d'où émergent les plus
fines extrémités qui se puissent voir. Ces jeunes princes
ont renoncé au bétel ; ils ajoutent ainsi un sourire d'ivoire
au charme naturel de leurs figures ; l'Empereur, au contraire, réactionnaire sur ce point, découvre aux moments
d'amabilité, une dentition d'ébène. Tous, on les con-
quiert vite en leur parlant bicyclette, leur passion domi-
nante ; on les tient émus et ardemment attentifs en leur
parlant teuf-teuf... « voitures sans chevaux, marche
même chose chaloupe à vapeur... beaucoup vite !!... »

Et pendant ces aperçus élémentaires sur le progrès et
les sports, les classiques chanteuses déroulent leurs
poèmes monotones et mélancoliques, développent leurs

gestes reptiliens, parallèles, lents et souples, dans la lumière atténuée, où leurs petits bras fauves prennent des tons d'or brun.

Un jeune commis de résidence fort obligeant, très initié aux rites, est détaché au ministère des finances. Il serait imprudent peut-être, de laisser le caveau aux piastres et aux barres d'or sans contrôle et sans garde européenne. Ce ministère est plutôt un dépôt, une réserve de marchandises ; il y règne une paix absolue et poudreuse, sans parenté avec la rumeur des ruches bureaucratiques. On y conserve les étoffes précieuses pour la confection des costumes royaux, les collections de faïences pour les besoins courants du palais, les grands papiers couleur safran, pailletés d'or, où se rédigent les brevets de lettrés et les délégations royales. On y conserve aussi les insignes du mandarinat aux diverses classes, distribués gratuitement lors des promotions; enfin, bizarrerie?... d'abondantes provisions de cannelle, de qualité très supérieure et très coûteuse, condiment d'usage constant dans la cuisine impériale.

Et voici, mise à part, la cassette particulière de l'empereur. Elle contient 60,000 piastres de frappe ancienne. Elle fut constituée par prélèvement sur les fouilles effectuées au-dessous des vieilles demeures mandarinales de la citadelle, aujourd'hui détruites, après proscription

LE PAVILLON DU TRÔNE AU TOMBEAU DE TU-DUC

des familles trop puissantes où s'entretenaient des foyers
d'ambition et d'intrigue.

⁌

Un peu de finance. On sera curieux de savoir ce que
représente, dans le gros bloc budgétaire de l'Indo-Chine,
la part faite à la cour d'Annam, à ses hauts dignitaires et
aux très nombreux fonctionnaires de tous ordres qui en
dépendent quant au traitement. Voici des données
exactes tirées du dernier budget arrêté par le Conseil
supérieur de la colonie.

Le gouvernement général d'Indo-Chine donne au
gouvernement annamite une somme annuelle de 960.000
piastres, soit 2.400.000 francs. Sur cette somme, il
revient à la cour une part de 280.000 piastres, soit 700.000
francs. Sur cette dotation, il revenait jusqu'à ces dernières
années, 25.000 piastres (62.500 francs) aux trois reines
mères, épouses survivantes d'empereurs défunts. Enfin,
les menus plaisirs du roi et sa table sont assurés par
une mensualité de 4.000 piastres ou 10.000 francs.
(Soit 120.000 francs par an pour faire le jeune... empereur). On a quelque peine à s'expliquer l'emploi de cette
dernière somme, en une résidence où manquent totale-
ment les restaurants de nuit, le pari mutuel et les coulisses
d'opéra ; et comme la constitution enferme l'Empereur
dans son palais et ne tolère que de courtes promenades
extérieures, on comprend moins encore. Si la bourse des
menus plaisirs royaux semble largement pourvue, en

revanche, le budget total qui assure les traitements des nombreux fonctionnaires indigènes de toutes classes, répartis sur le territoire de l'Annam, paraît bien modique : 680.000 piastres, soit 1.700.000 francs.

On a coutume de répéter que si mandarins et mandarinaux sont maigrement payés, ils savent se faire des ressources complémentaires ; et qu'il n'y aurait pas avantage à les payer mieux, la concussion se dissimulant plus facilement dans l'aisance et devenant ainsi plus difficile à atteindre. Ce raisonnement singulier, spécialement adéquat aux vieilles mœurs d'Asie, perd chaque jour de sa valeur ; le fonctionnaire indigène, pris entre une surveillance administrative étroite et la calomnie facile de ses administrés, ne connaît plus les grasses et occultes prébendes d'autrefois.

FUNÉRAILLES DE LA REINE TU-DU

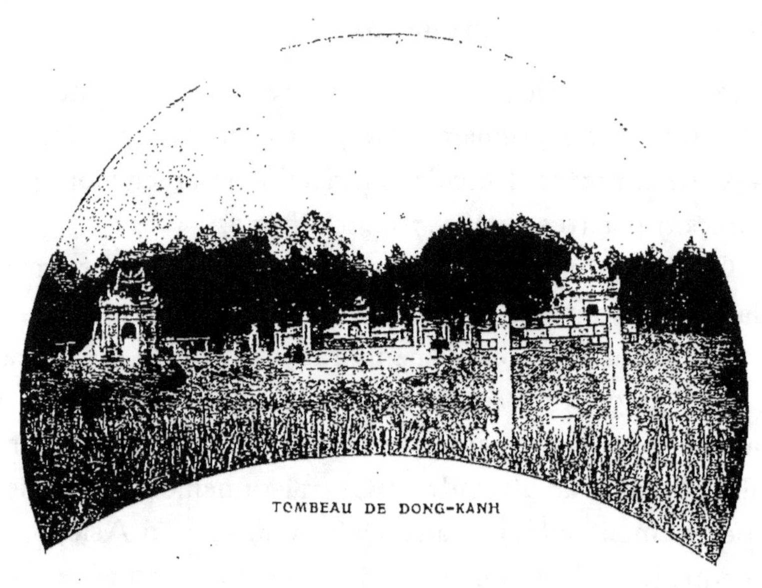

III

LES TOMBEAUX

L'intérêt essentiel d'une excursion à Hué se concentre sur les tombeaux des empereurs. Les plus anciens de ces tombeaux ne remontent pas à beaucoup plus d'un siècle. On cherche vainement, pour les vieilles et puissantes dynasties, antérieures à la filiation des six derniers empereurs, des traces nécrologiques, même à l'état de ruines à fleur de sol. Il y a là un mystère. Il semble que cette piété architecturale, symbolique et décorative, soit sortie spontanément d'une sorte de renaissance dans laquelle nous aurions joué, peut-être, en petit, le rôle des Italiens. L'âge de la citadelle est sensiblement le même que celui du tombeau de Gia-Long, le plus ancien et le plus farouche de ce quatuor classique que le touriste ne peut omettre de visiter en détail : *Gia-Long, Minh-Mang, Tieu-Tri* et *Tu-Duc*. Et quand on considère l'élégance des avenues, la largeur versaillesque des degrés de pierre accédant aux terrasses,

LA STÈLE AU TOMBEAU DE TU-DUC

le tracé harmonieux des pièces d'eau et le dessin royal des

ARCS SYMBOLIQUES CONDUISANT A LA SÉPULTURE DE MINH-MANG

balustrades, on se demande si les ‘mêmes officiers français qui bâtirent les remparts sombres de la forteresse ne donnèrent pas aussi des indications d’esthétique pour les mausolées?...

Quoi qu’il en soit, une harmonie véritable se dégage de ces constructions assises en des décors grandioses de collines plantées de pins maritimes et de ficus géants.

Le bouddhisme d’Annam, ou *taoique*, accorde à la mort des grands un apparat formidable. Il la subdivise, en quelque sorte, l’envisage sous ses aspects

LES PORTEURS DE SABRES AUX FUNÉRAILLES

différents, et, pour chacun, érige un monument de signification profonde : c’est leur ensemble qui forme *le Tombeau*. De même que l’homme est à considérer en sa personne physique, en son âme intime, en sa vie publique, ainsi tout tombeau d’empereur présente trois éléments distincts : La *Sépulture*, la *Pagode de l'âme* et *la Stèle* qui retrace les hauts faits du règne.

La sépulture est rituellement inaccessible. Elle se dissimule sous un large tertre planté d'arbres, d'arbustes et de fleurs, couronné d'une forte enceinte de pierre fermée d'une poterne barrée et cadenassée.

Dans la pagode de l'âme, c'est une accumulation d'objets rares et précieux. C'est, devant l'autel voilé, où repose la tablette symbolique sur le fauteuil d'ancêtre sculpté, le figuratif complet et précis des habitudes intimes du défunt, livres préférés, fumerie, pinceaux de lettré, coffres à bétel, services à thé, etc. De vieilles favorites ou des dames d'honneur de la cour veillent là, dans l'ombre douce et le silence. Elles ont charge d'observer scrupuleusement les rites, d'entretenir avec mille soins tous les signes de cette survie, de continuer à l'âme du disparu une demeure de luxe et de repos, peuplée de symboles gracieux, favorable aux nobles rêveries.

Les trois éléments essentiels d'un tombeau impérial se complètent toujours d'une annexe dite : *Pavillon du trône.* Cette construction légère et nullement nécrologique prend vue sur l'ensemble du site. L'Empereur y venait prendre un délassement de haute philosophie en suivant les travaux d'aménagement de son palais d'éternité.

On devine que les funérailles princières ont, à la cour d'Annam, un éclat correspondant à la somptuosité des tombes.

LES BONZES DE LA PAGODE CONFUCIUS

La dernière cérémonie de ce genre date du mois de juillet 1901. A cette époque mourut la vieille reine *Tû-Du* femme de *Tieu-Tri* et mère de *Tû-Duc*. Les obsèques durèrent toute une journée. Un cortège sans fin évolua longuement dans les larges avenues de la citadelle ; puis, ce fut l'embarquement du corps sur un vaste radeau aménagé en catafalque, pour franchir la *Rivière des Parfums* sous l'escorte de toute une flottille de sampans d'honneur, montés par les membres des grandes familles mandarinales. Sur la rive droite, le cortège se reforma pour gagner à travers la campagne le tombeau de *Tieu-Tri* où la vieille reine repose auprès de son époux. Les deux âmes symbolisées en deux tablettes précieuses gravées de caractères sacrés sont posées côte à côte sur deux fauteuils d'ancêtres jumeaux abrités dans le même tabernacle.

UN GRAND PRÊTRE

IV

LA FÊTE TRIENNALE DU NAM-YAO

Dans cette gracieuse campagne de Hué, d'une mélancolie si prenante, où la plainte continue des pins maritimes met comme des sanglots d'amantes inconsolées, deux autres manifestations d'architecture appellent encore l'attention, ce sont :

1° *Les arènes,* ou, plus exactement, *les fosses* de combat des éléphants, panthères, tigres et buffles. Les parois de ces fosses sont aujourd'hui croulantes et abandonnées. La cour ne soutient plus le grand faste barbare que comportaient ces jeux évocateurs de Rome et de Byzance. Ceci est déjà du passé lointain.

2" *L'esplanade des sacrifices,* grande terrasse de pierre carrée, bordée de balustrades, contenant une autre enceinte circulaire et surhaussée. Le tout s'encadre d'un beau bois de pins réguliers, distincts et symétriques. Chacun de ces arbres figure une personnalité importante de mandarin de la cour, et la superstition asiatique se plaît à tirer des présages de la prospérité, de la hauteur des fûts, de leur verticalité fière, ou au contraire de leur chétivité, de l'inclinaison dolente des branches, étouffées par de vigoureuses voisines qui leur interdisent l'accès de la lumière et du soleil...

Sur cette esplanade se célèbre, tous les trois ans, la fête nocturne du *Nam-Yao,* solennellement présidée par l'Empereur. Sous les attributs du grand pontife sacrificateur, le monarque sort, au coucher du soleil, de la grande pagode voisine où il a dû accomplir une retraite sainte de onze jours. De grands buffles égorgés, dépouillés et agenouillés symétriquement s'espacent sur les dalles; des porcs, des veaux, des volailles, par centaines et milliers, leur font comme des guirlandes de chair pantelante et rougie. D'innombrables autels portent des offrandes de fruits, de choum-choum (alcool de riz) et d'objets précieux. La nuit s'écoule en oraisons qui, d'abord murmurées, enflent et grandissent jusqu'aux clameurs et vociférations. On brûle des ossements et des chairs dans des fosses, on égorge d'autres bêtes encore, on invoque les génies en multipliant les signes de cab-

FUNÉRAILLES DE LA REINE TU-DU — LE CERCUEIL

cabale, figurés avec une promptitude extraordinaire par des groupements humains sur la large esplanade inondée de sang et baignée de lune. Aux premières lueurs du jour, le sabbat tombe graduellement. Il cesse tout à fait au lever du soleil, tandis que les notables délégués des villages emportent des quartiers de viande pour des réjouissances plus intimes.

Combien plus gracieuse et plus idyllique est la *Fête du printemps*, qui met aux mains patriciennes du jeune Empereur, les mancherons d'une charrue dorée et sculptée, dont il trace, jeune laboureur de légende, un sillon hésitant devant le peuple prosterné, appelant sur les champs la bienveillance de Bouddha.

PORTE PRINCIPALE DE LA CITADELLE

ITINÉRAIRE

DE

TOURANE A HUÉ

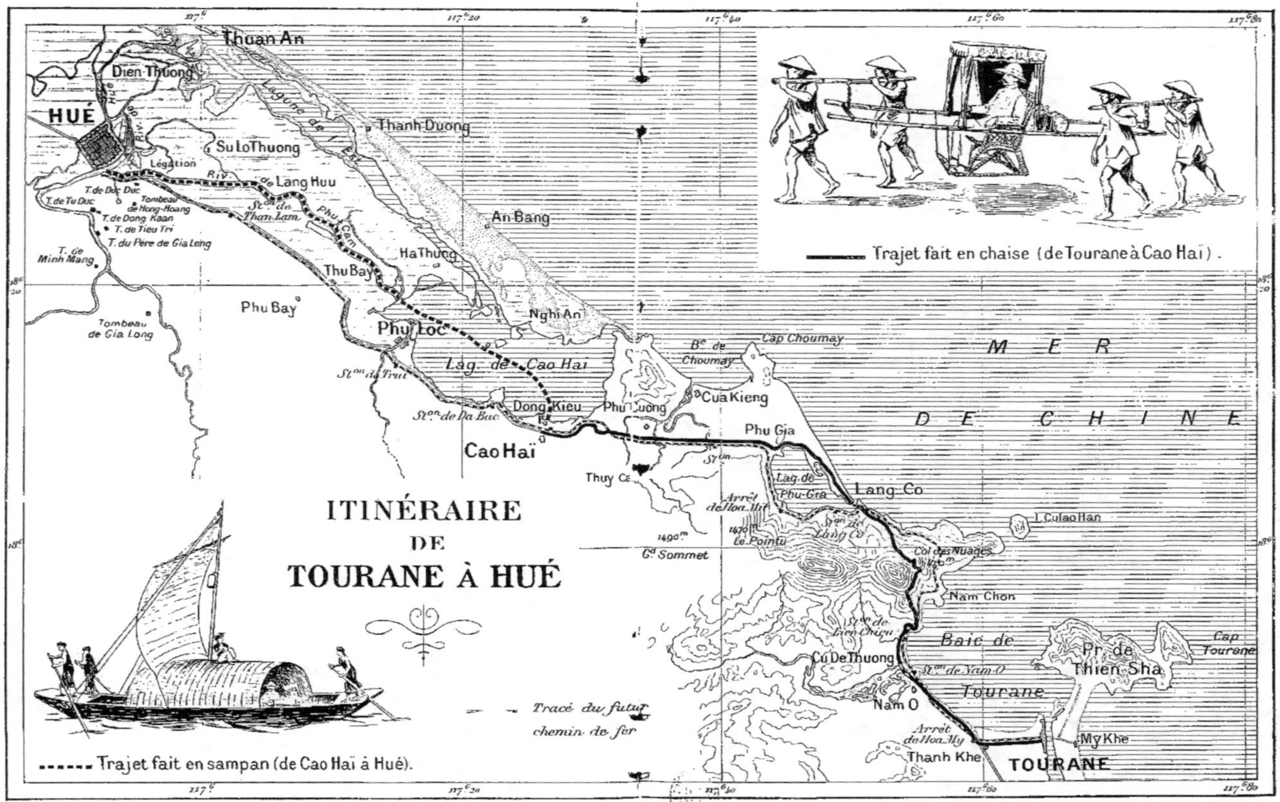

ITINÉRAIRE
DE
TOURANE À HUÉ

E. Morieu, Gr.
Échelle : 1/400.000e
5 4 3 2 1 0   5   10   15   20Kil.

Thuan An
Dien Thuong
HUÉ
Su Lo Thuong
Légation
Riv
Lang Huu
T. de Duc Duc
Tombeau de Hong-Hoang
T. de Tu Duc
T. de Dong Kaan
T. de Tieu Tri
T. du Père de Gia Long
T. de Minh Mang
St on de Than Lam
Phu Cam
Ha Thuong
Thu Bay
Phu Bay
Tombeau de Gia Long
Thanh Duong
An Bang
Nghi An
Phu Loc
Lag. de Cao Hai
St on de Truii
Cap Choumay
Bº de Choumay
Cua Kieng
Dong Kieu
Phu Luong
St on de Da Buc
Cao Haï
Phu Gia
Thuy Ce
St on
Lag. de Phu-Gia
Lang-Co
Arrêt de Hoa Mit
Le Pointu
1470 m
1490 m
Gd Sommet
St on de Lang Co
I. Culao Han
Col des Nuages
Nam Chon
St on de Lien Chieu
Baie de Tourane
Cu De Thuong
St m de Nam O
Nam O
Tourane
Arrêt de Hoa My
Thanh Khe
My Khe
TOURANE
Pr. de Thien Sha
Cap Tourane
MER   DE   CHINE

Tracé du futur chemin de fer

Trajet fait en sampan (de Cao Haï à Hué).

Trajet fait en chaise (de Tourane à Cao Haï).

Touristes, hâtez-vous ; car Hué, délicate et fragile aquarelle, pâlit et s'efface déjà. Elle disparaîtra bientôt dans le tourbillon civilisateur. Hâtez-vous tandis qu'il lui reste encore quelques-uns des signes formels qui marquent les centres de pulsation des empires disparus.

En sa partie dirigeante, la race d'Annam est délicate, raffinée, cruelle, éprise de plaisir, amie du moindre effort. Elle n'est pas faite pour laisser des traces de force qui défient les siècles et obligent le respect du conquérant. L'histoire de ce peuple n'aura pas ses hérauts de pierre éternels, sonnant leurs fanfares sur la sérénité des campagnes ; elle se réfugiera toute sur les minces papiers soyeux où s'alignent artistement les caractères énonciateurs de vérités philosophiques et de maximes sacrées. Une intellectualité subtile peuple le silence des avenues tombales et l'ombre douce des pagodes. Quand les vieux docteurs à fines barbiches d'argent verticales, momifiés en leurs robes de soie et d'or, proclament, de leurs voix de spectres, les lauréats du concours triennal, une tristesse, un regret nous étreignent à la pensée que conquête, progrès et conservation ne soient pas totale-ment conciliables.